DIE BAULICHE ZUKUNFT
DER
HAMBURGISCHEN UNIVERSITÄT

VON

FRITZ SCHUMACHER
DR. ING. DR. MED. DR. TECHN.

MIT 3 ABBILDUNGEN

FRIEDERICHSEN, DE GRUYTER & CO. M. B. H.
HAMBURG 1928

Die Frage, die im folgenden besprochen werden soll, hängt eng zusammen mit dem Schicksal des Geländes der alten Friedhöfe.

Der Senat hat, einem Antrage des Verfassers folgend, den Beschluß gefaßt, einen Wettbewerb für die Gestaltung dieses Geländes auszuschreiben. Die Durchführung dieses Beschlusses bedingt die Aufstellung eines Programms, das die Bauten bestimmt, die von den Wettbewerbsteilnehmern vorgesehen sein sollen. Denn wenn es sich nicht um die neutrale in fast beliebige Form gießbare Masse von Wohnungsbauten, die hier nicht in Betracht kommen, sondern um ganz individuelle Baugebilde handelt, deren Versammlung eine architektonische Einheit werden soll, muß man die Bauplätze von vornherein auf diese individuellen Bauten zuschneiden. Sonst entsteht aus noch so schönen Bebauungsplan-Linien ein Mißgebilde.

Bei dem Versuch, ein solches Programm festzulegen, wurden viele Wünsche laut, deren Berechtigung und Erfüllbarkeit nicht ohne weiteres festgestellt werden konnte, und die zu zahlreichen Beratungen innerhalb der Behörden führten. Eine gewisse Gruppe von Wünschen aber galt immer als jenseits aller Diskussion. Das waren die Bedürfnisse der Universität. Im allgemeinen wurde es als feststehend betrachtet, daß das Gelände ganz gewiß der Weiterentwicklung der Universität dienen sollte.

Das benachbarte Vorlesungsgebäude gab dabei den Anhaltspunkt. Maßgebend war, daß es in seiner nächsten Nähe andere Universitätsinstitute findet: nämlich den Botanischen Garten mit seinen

Gebäuden, sowie das Physikalische, Chemische und Hygienische Institut, so daß eine Art naturwissenschaftliches Zentrum bereits angebahnt ist.

Das alles schienen festePunkte für eine weiter daran anschließende Entwicklung zu sein.

Bei näherer Betrachtung aber kommt man doch zu allerlei Überlegungen, an denen man nicht stillschweigend vorbeigehen kann. Man muß sich in diesem Zusammenhang nur einmal vergegenwärtigen, daß man vor wenigen Jahren sehr ernsthaft mit der Absicht umging, den Botanischen Garten zu verlegen, da seine Lage im Herzen der Stadt dem Gedeihen der Pflanzen gefährlich zu werden schien. Man kann sich ferner denken, daß der Wunsch, diesen Garten von seiner jetzigen Stelle zu entfernen, auch noch aus anderen Gründen auftauchen könnte. Wenn das Gebiet der Friedhöfe und des Zoologischen Gartens sich einmal zu einem bevorzugten Punkt der Stadt entwickelt hat, wird es durch den abgeschlossenen Bezirk dieses Gartens sehr unbequem von der übrigen Stadt abgeschnürt, und es würde ohne Frage ein großer Vorteil für die Physiognomie Hamburgs sein, wenn dieser Garten den Zug des Walls als freie Grünanlage bis zum Dammtor fortsetzte. Sollte aber jene wissenschaftliche Forderung oder dieser städtebauliche Wunsch irgendwann einmal lebendige Wirkungskraft gewinnen und damit das botanische Zentrum von seiner gegenwärtigen Stelle verschwinden, so wird die ganze Logik der übrigen Gedanken, die hier eine naturwissenschaftliche Konzentration voraussetzen, erheblich erschüttert. Man müßte sich also sehr klar über die endgültige Zukunft des Botanischen Gartens sein, ehe man die aus seiner jetzigen Lage entspringenden Folgerungen in weiteren Bauten verewigt, denn die übrigen naturwissenschaftlichen Institute, die an dieser Stelle liegen, genügen alle ihren Bedürfnissen nicht mehr, haben also keine ausschlaggebende Bedeutung.

Denkt man sich aber den Botanischen Garten verlegt, so ist die Frage sehr berechtigt, ob es dann nicht wünschenswert wäre, das naturwissenschaftliche Zentrum mit an die Stelle zu verlegen, wo er einmal hinkommen soll.

Man sieht, daß die Annahme, die Zukunft der Universität sei an das Gelände der alten Friedhöfe geknüpft, aus Gründen, die mit der Universität selber zusammenhängen, nicht ohne weiteres als selbstverständlich betrachtet werden kann.

Schon dies zwingt dazu, die Frage einmal kritisch zu prüfen, ob man sich bei dem überlieferten Gedanken, die Weiterentwicklung der Universität am Dammtor zu suchen, ohne weiteres zufrieden geben kann, oder ob man untersuchen muß, was es bedeutet, wenn man daneben andere Gedankengänge verfolgt.

Mit einem Worte, man stößt auf die Frage: Kommt eine Verlegung der Universität in Betracht?

Zu dieser Überlegung kommt aber noch eine zweite, die in ganz allgemeine Fragen über die Zukunft Hamburgs hereingreift.

Fast alle heutigen großen Stadtkörper leiden an der Klumpenform ihrer Entwicklung. Ihre maßgebenden Lebensströme beziehen sich auf ein Zentrum, das diesen Strömen schon rein quantitativ nicht mehr gewachsen ist. Die erste große Sanierungsmaßregel, nach der ein Städtebauer angesichts dieser Gefahr der Überlastung des Zentrums trachten muß, ist die: ein zweites neues Lebenszentrum innerhalb der großen Siedlungsmasse zu erzeugen und so statt der zentrischen Ströme, die sich alle auf einen einzigen Mittelpunkt beziehen, gleichsam elliptische Ströme zu wecken, die sich um zwei Mittelpunkte bewegen. Solch ein zweiter Mittelpunkt wird bei einer Stadt, deren Lebensnerv ein großer Strom ist, zuerst in der Richtung dieses Stromes zu suchen sein.

Hamburgs geographisch-politische Form hat in ganz besonders starkem Maße die Inanspruchnahme und damit die allmähliche Überlastung seines historischen Zentrums zur Folge gehabt. Es ist nicht nur die ausschließliche Stätte aller wirtschaftlichen Kräfte, sondern auch aller kulturellen Einrichtungen geworden. Macht man sich klar, daß man in einigen Jahrzehnten vielleicht mit einer Verdoppelung der Stadt rechnen muß, so ist dieser Wunsch nach einer

Dezentralisierung wohl begreiflich. Aber eben diese geographisch politische Form macht es unmöglich, solch ein neues Lebenszentrum in der Richtung des Stromes zu suchen. Selbst wo im Osten noch einiger Raum frei ist, hat die ringsum vollzogene Entwicklung den Charakter aller Beziehungen schon so zwingend festgelegt, daß er nicht mehr im Sinne eines neuen Zentrums zu verändern ist. Deshalb wird es Hamburgs Schicksal bleiben, daß die hauptsächlichen mit seinem zentralen Leben in Verbindung stehenden Bedürfnisse im engen Zusammenhang mit dem jetzigen Zentrum befriedigt werden müssen.

Nur nach Norden ist eine Dezentralisierung aus geographischen Gründen praktisch möglich. Es liegt aber in der Natur einer Stadt an einem lebenweckenden Strom, daß nur ganz wenige zentrale Angelegenheiten des städtischen Lebens ins Hinterland hinein verlegt werden können. Unter ihnen steht in vorderer Reihe die Pflege der Wissenschaft. Sie ist im allgemeinen nicht notwendig an eine bestimmte Lage gebunden. Eine „akademische Stadt“ kann auch außerhalb des Hamburger Zentrums liegen.

Und deshalb ist es für den Städtebauer nötig, diesem Gedanken der Entlastung des gefährdeten Zentrums nachzugehen. Er sieht darin ein Element der Sanierung und wird deshalb eine Verwirklichung des Gedankens von seinem Standpunkte aus begrüßen.

Aber diese Darlegungen sollen einstweilen noch nicht eine Stellungnahme in dieser Frage bedeuten, in die neben den angeführten Gesichtspunkten natürlich noch zahlreiche andere spielen. Es soll zunächst nur erklärt werden, wie der Verfasser überhaupt zum Anschneiden dieses weitreichenden Problems kommt. Er möchte im folgenden versuchen, so gut wie möglich ein erstes Material zur Beurteilung der Sachlage zu unterbreiten. Nur ein erstes, denn es bedarf, wenn man vollen Überblick haben will, vielerlei wichtiger Ergänzungen, die sich seiner Reichweite entziehen. In Wahrheit kann das Nachfolgende deshalb wohl nur dazu dienen, eine eingehende Besprechung dieser Fragestellung anzuregen.

I. Möglichkeiten einer Verlegung.

„Verlegung der Universität“: was bedeutet das? Bei der geringen Bewegungsfähigkeit, die unser enges und stark besiedeltes Hamburger Staatsgebiet uns nur erlaubt, ist es durchaus berechtigt, ehe man sich weitere Gedanken macht, zunächst einmal zu fragen: gibt es denn überhaupt einen geeigneten Punkt, an den man die Universität verlegen könnte, wenn man einmal voraussetzt, daß man den jetzigen aufgeben will. Die geographisch vorstellbaren Möglichkeiten einer solchen Verlegung sind im Hamburger Gebiet sehr beschränkt. Wenn man sie nur vom Gesichtspunkt des noch freien dem Staate gehörenden Raumes betrachtet, könnte Horn in Betracht kommen. Überdenkt man aber die weiteren Umstände, so wird man bald sehen, daß hier schon die Verkehrsverhältnisse, deren Entwicklung noch bevorsteht, vor allem aber der Typus der ganzen künftigen Umgebung keinen geeigneten Boden für eine solche akademische Stadt abgeben. Der Zusammenhang Horns mit dem Hamburger Industriegebiet macht es wünschenswert, hier möglichst wenig Boden den Arbeitersiedlungen zu entziehen. Es wird in vollem Umfang für diesen wichtigsten Zweck gebraucht.

Es sei der Blick deshalb auf ein Gelände im Norden der Stadt gerichtet. Es ist das Gebiet, das am östlichen Rande von Groß-Borstel nördlich an das Eppendorfermoor anschließt, etwa bis in die Zone des Lizentiatenberges und des „Borsteler Jäger“ reicht und westlich von der Trasse des projektierten Hochbahnarmes umfaßt wird, der von der Station Lattenkamp nach Groß-Borstel abzweigen soll.

Dies Gebiet ist gegenwärtig noch von Bauten unberührt, es gehört zum sehr wesentlichen Teil dem Staate.

Für den geplanten Zweck würde es aus verschiedenen Gründen besonders gut geeignet sein(vergl. Abb. 1 und 2).

Es ist verkehrstechnisch verhältnismäßig leicht aufzuschließen und an das große Verkehrsnetz Hamburgs anzuschließen. Der neue Hochbahnarm braucht vorläufig nur für zwei Stationen ausgebaut zu werden, die beide für Groß-Borstel ohnehin unentbehrlich sind:

die Stationen „Eppendorfermoor" (Ecke Alsterkrugchaussee) und „Universität". Die elektrische Bahn die ihr Ziel im Flugplatz hat, würde in den neuen Straßenzug nördlich der Alsterkrugchaussee gelegt werden und somit das Universitätszentrum südlich berühren, ohne es zu stören. Auch die weiteren Aufschließungsstraßen verlaufen so, daß wir ein Gelände vor uns haben, das überall vom Verkehr berührt, aber nirgends vom Verkehr durchschnitten wird. Es ist eine ruhige Insel, geeignet für die ungestörte Entwicklung einer Kolonie von Institutsbauten. Dies Gebiet ist eingebettet in Grünzüge. Die Disposition geht davon aus, wesentliche Teile des Eppendorfer Moores für den neuen Botanischen Garten nutzbar zu machen. Das moorige Gebiet würde ergänzt werden durch einen anschließenden Teil, der normale Bodenbedingungen zeigt. Diese Flächen zeigen zusammen eine Größe von ca. 10 ha gegen eine Größe von ca 9 ha des jetzigen Botanischen Gartens. Der Restteil des Eppendorfer Moores könnte, wenn man will, zu einem wesentlichen Teil Sportzwecken dienen, diese lassen sich aber auch nördlich in der Gegend der Schießstände anlegen. Das ganze Gebiet ist in außergewöhnlich günstiger Weise mit angenehmen Erholungspunkten verbunden. Im Norden berührt es den Borsteler Jäger, dahinter breitet sich das freie Gebiet der Schießstände, im Süden aber steht es mit dem Hauptpunkt der Alsterkanalisierung, der beckenartigen mittleren Erweiterung des Wasserlaufs in Beziehung, so daß auch mit dem Wassersport unmittelbare Verbindung vorhanden ist. (Vgl. Abb. 3).

Endlich sei noch daraufhingewiesen, daß das Gebiet einen verhältnismäßig bequemen Zusammenhang mit dem Eppendorfer Krankenhaus hat, so daß die Fakultäten der Universität weniger zerrissen wären, wie jetzt, falls dieses Krankenhaus der Mittelpunkt der medizinischen Fakultät bleiben würde, was zur Zeit noch ungeklärt ist.

Groß-Borstel würde eine angenehme Wohnstadt der Studenten werden. Für Arbeiter-Wohnzwecke kommt es seiner Lage nach weniger in Betracht, so daß in dieser Beziehung kein Widerstreit der Interessen entsteht.

Kurz, alle Bedingungen sind da, um hier eine akademische Stadt entstehen zu lassen, die ähnlich wie viel bewunderte Gründungen in Amerika und England ihren eigenen Typus und einen besonderen, dem neuzeitlichen Leben der Jugend angepaßten Charakter hat.

Das Gebiet ist, je nachdem man seine Grenzen steckt, (was dem Bedürfnis entsprechend geschehen kann), ca. 43 ha bis ca. 53 ha groß. Als Vergleich sei bemerkt, daß das ganze Gebiet der Friedhöfe 15 ha, zusammen mit dem Zoologischen und Botanischen Garten 37,6 ha umfaßt.

Die anliegenden Zeichnungen sollen eine Vorstellung geben, welche Bedingungen zu baulicher Entfaltung vorhanden sind. Sie sollen keinen eigentlichen Entwurf, sondern nur eine lebendigere Vorstellungen weckende Illustration bedeuten. Man sieht, daß sich unmittelbar neben der Hochbahnstation ein größerer Platz entwickeln läßt, an dem das Vorlesungsgebäude und das Seminargebäude liegen. Die Institute — deren Vergrößerung natürlich vorgesehen werden muß — lassen sich so gruppieren, daß große hofartige Eindrücke entstehen. Die inneren Aufschließungsstraßen können den Charakter abgeschlossener Passagen erhalten. Alles ist von Grünzügen umfaßt, die Teile eines zusammenhängenden Netzes sind, das sich weit heraus erstreckt.

Einstweilen steht noch kein Programm für eine solche eventuelle Verlegung fest, so daß den baulichen Andeutungen keinerlei ernsthafte Bedeutung zugemessen werden darf. Ein solches Programm kann nur in eingehender Zusammenarbeit mit allen Abteilungen der Universität entstehen. Wenn die bauliche Frage auf Grund sicherer Unterlagen ernst werden sollte, dürfte ein Wettbewerb zur Klärung des Weiteren am Platze sein.

II. Schwierigkeiten der Verlegung.

Diesem Idealbild gegenüber treten drei Schwierigkeiten besonders deutlich hervor.

1. Schwierigkeiten des Tempos.

Während man auf dem Gebiet der alten Friedhöfe verhältnismäßig schnell zu aktivem baulichen Vorgehen kommen könnte, würde eine solche Verlegung beträchtliche vorbereitende Arbeiten und manche Übergangsdispositionen erfordern. Es wird mit einem längeren Zeitraum zu rechnen sein, bis das endgültige Resultat einer neuen akademischen Stadt erreicht ist.

Nur eine sehr bewußte einheitliche Organisation und eine einmütige Begeisterung für das neue Ziel kann diese Schwierigkeiten überwinden.

2. Schwierigkeiten des Programms.

Der Außenstehende kann diese Schwierigkeiten nur vermuten. Aber es liegt nahe, sich vorzustellen, daß bei verschiedenen zur Universität gehörenden Einrichtungen eine völlige Loslösung vom Stadtzentrum nicht durchzuführen oder wenigstens nicht wünschenswert ist. Es ist anzunehmen, daß die Frage der dadurch entstehenden Dispositionen zu manchen nicht einfachen Überlegungen führt.

Insbesondere dürfte zu erwägen sein, ob ein Bibliotheksneubau, der ja angesichts der Verhältnisse im Alten Johanneum unbedingt nötig wird, nicht in engerer Verbindung mit einer zentraleren Stelle der Stadt bleiben muß. Bei allen solchen Erwägungen ist im Auge zu behalten, daß künftig die Verbindung des neuen Universitätsgebietes über die Rothenbaumlinie mit dem Zentrum der Stadt an großstädtischen Verhältnissen gemessen sehr bequem und schnell sein wird. Man darf sich darüber in seinen Vorstellungen nicht durch die gegenwärtigen Verhältnisse täuschen lassen.

3. Schwierigkeiten finanzieller Art.

Wenn man sich die finanziellen Ansprüche vorstellt, welche die Ausführung eines solchen neuen Universitätsgebietes hervorrufen würde, muß man unterscheiden zwischen den Aufwendungen, die ohnehin entstehen würden und denen, die ganz besonders durch die Verlegung erwachsen.

Die Aufschließungskosten jenes Gebietes von Großborstel bleiben ganz die gleichen, ob die Universität hierher kommt oder nicht, sie sind ohnehin nötig, sobald die schnell wachsende Stadt hier in größerem Maßstab zu siedeln beginnt. Das steht unmittelbar bevor.

Auch die Kosten für alle gegenüber dem jetzigen Bestand neu zu errichtenden oder zu erweiternden Institute und Anlagen bleiben die gleichen, ob man verlegt oder nicht, man wird nur alles, was man neu macht, von vornherein jeweils an anderer Stelle errichten. Ja, man wird zugunsten der Verlegung in Rechnung stellen dürfen, daß der Grund und Boden, den die Baulichkeiten erfordern, in Groß-Borstel erheblich weniger wertvoll ist, wie derjenige im Stadtzentrum.

Sogar die Kosten einer neuen Anlage des Botanischen Gartens wird man nicht zu Lasten des Verlegungsgedankens als solchen buchen dürfen, wenn man annimmt, daß sie aus wissenschaftlichen Gründen ohnehin einmal erfolgen müßte.

Wirklich als finanziell belastend für den Verlegungsgedanken kommt nur die Notwendigkeit in Betracht, das, was jetzt im Zentrum für die Universität endgültig funktioniert, zu verlassen und anderwärts neu zu errichten. Betrachtet man näher was diese besonderen Aufwendungen bedeuten, so kommt in erster Linie das jetzige Vorlesungsgebäude in Betracht. Dies Gebäude, das gegenwärtig in keiner Beziehung mehr ausreicht, bedarf ohnehin einer beträchtlichen Erweiterung. Die Seminare sind zur Zeit fast alle in verstreuten Privatbauten untergebracht. Wenn das jetzige Gebäude frei wird, wird es nicht etwa wertlos, es dürfte ein anderer Zweck für seine Benutzung unschwer zu finden sein. Man kann sich vorstellen, daß es als Mittelpunkt des allgemeinen Vorlesungswesens verbleibt, zu wissenschaftlichen Tagungen benutzt wird, im übrigen aber zu einem großen Volkshaus umgestaltet wird und den Volkshochschulkursen, der Verwaltungs-Akademie und anderen der Universität in loserer Art angegliederten Institutionen dient.

Der Botanische Garten würde, wenn er zur öffentlichen Grünanlage umgestaltet wird, den Gewinn einiger wertvoller Bauplätze geben können, die natürlich auf einen Umfang beschränkt werden müßten, der das Wesen des großen durchgehenden Grünzuges der Wallanlagen nicht stört. Die Baulichkeiten des Botanischen Instituts tragen keinen, den jetzigen Zwecken so ausschließlich angepaßten Charakter, daß sie nicht als Gebäude für Verwaltungszwecke oder dergl. benutzt werden könnten.

Das Chemische Institut genügt den jetzigen Anforderungen nicht mehr. Von der Hochschulbehörde ist bereits ein völliger Neubau für seine Zwecke verlangt. Die ebenfalls drängenden Bedürfnisse des Physikalischen Instituts sollten durch Hinzunahme seiner jetzigen Räume befriedigt werden. Werden die jetzigen Institute an dieser Stelle frei, so werden vielleicht die Bedürfnisse des Hygienischen Instituts, von dem verlautet, daß es im Stadtzentrum verbleiben müßte, hier gelöst werden können.

Das sind Gedanken, die hier nicht näher prüfbar waren, sie sollen nur zeigen, daß die an der jetzigen Stelle vorhandenen Universitätsbauten nicht etwa nutzlos zu werden brauchen.

Ein Überblick über die Gesamtkosten der neuen Anlage läßt sich erst gewinnen, wenn ein Programm vorliegt, nach dem man, wenn auch nur im Großen, disponieren kann.

Einstweilen würde es sich, wenn man den Gedanken der Verlegung der Universität weiter verfolgen will, nur darum handeln, daß etwaige Neubauten nicht an der jetzigen, sondern an der neuen Stelle vorgenommen werden.

III. Vorteile der Verlegung.

Der Hauptvorteil, den eine Verlegung der Universität mit sich bringen würde, dürfte ein indirekter sein. Dieser indirekte Vorteil ist in Wahrheit für den Verfasser der Hauptausgangspunkt seiner Überlegungen gewesen. Er besteht in der Entlastung des übermäßig beanspruchten Zentrums und einer Gesundung des Hamburger Stadtganzen durch Dezentralisierung.

Aber auch von einem zweiten Standpunkt, dem der Hochschule, wird man eine Verwirklichung begrüßen können. Es dürfte für die Hochschule etwas Verlockendes haben, ihrem Wesen die geschlossene Form einer allmählich ganz aus ihrem eigenen Bedürfnis heraus erwachsenden Stätte zu geben.

Es kann kein Zweifel sein, daß eine Universität nur sehr schwer einen ausgesprochenen Charakter ihres akademischen Lebens gewinnen kann, wenn sie mitten im ständig wachsenden Trubel der

Stadtmitte liegt. Das ist um so schwerer, als wir heute in mancher Hinsicht neue Anschauungen von der Idealform solchen Charakters haben, die mit den besten derartigen Anlagen in Amerika und England in Verbindung stehen.

Und endlich würde man noch von einem dritten Standpunkt aus die Verwirklichung begrüßen können, vom Standpunkt der Zukunft des alten Friedhofgebietes.

Hier würde Raum werden für andere mit dem Zentrum in unbedingt notwendiger Verbindung stehende Bedürfnisse. In erster Linie aber würde man hoffen, daß die größere Entlastung einer stärkeren Entwicklungsmöglichkeit der Grünanlagen zu Gute käme. Der Gedanke der Verlegung ist nicht zum wenigsten ein Versuch, den Grünanlagen an dieser Stelle größere Freiheit zu schaffen. Auf alle Fälle kann man sicher sein, daß jede Reserve, die man sich hier nahe dem Zentrum offen hält, einmal dankbar begrüßt werden wird, denn wer kann heute schon überblicken, welche öffentlichen Dinge im Zeitraum der nächsten Jahrzehnte zu einer baulichen Lösung unaufhaltsam drängen.

IV. Zusammenfassung.

Hamburg steht durch die vorstehende Frage vor einer wichtigen Entscheidung, die sich in vielen direkten und indirekten Folgen auswirken wird. Deshalb ist es nötig, die beiden Wege, die offenstehen, in ihren Vorteilen und Nachteilen unvoreingenommen bis zu Ende zu verfolgen. Die Wahl wird neben finanziellen in vieler Beziehung von organisatorischen Fragen abhängen. Einen Weg, der nur Vorteile hat, wird man nicht finden. Immer wird irgendwo ein schwer zu lösender Rest übrig bleiben. In solcher Lage muß man sich darauf verlassen, daß die große Hauptrichtung, die man einschlägt, die richtige ist, und daß schwierige Einzelfragen sich immer lösen lassen müssen, wenn die Lösung der großen Hauptfrage in Ordnung ist.

Um diese Entscheidung voll übersehen zu können, bedarf es zunächst einer eingehenden Arbeit mit den maßgebenden Persönlichkeiten der Universität. Das Programm der Weiterentwicklung muß auf der neuen Grundlage im einzelnen geklärt und die technischen und finanziellen Folgen müssen daraus gezogen werden. Erst aus dieser Arbeit wird die Möglichkeit eines vollen Überblicks erwachsen.

Kommt man zu einer Bejahung, so wird die Aufgabe der Gestaltung am besten Gegenstand eines Wettbewerbs werden, der deutlicher als die kleinen illustrativen Skizzen dieser Schrift erkennen lassen wird, wie das aussieht, was hier als Idee dem öffentlichen Urteil unterbreitet wird.

Aber schon die Entscheidung über die grundsätzliche Frage, ob das wissenschaftliche Hamburg, seinen Mittelpunkt im Norden finden soll, macht den Weg frei für den Wettbewerb, der die Gestaltung des Friedhofsgeländes zum Ziele hat. Sie ist also nicht allein um ihrer selbst willen wichtig, sondern auch wegen des unlösbaren Zusammenhanges, in dem sie mit den übrigen Entwicklungsfragen unserer Stadt steht.

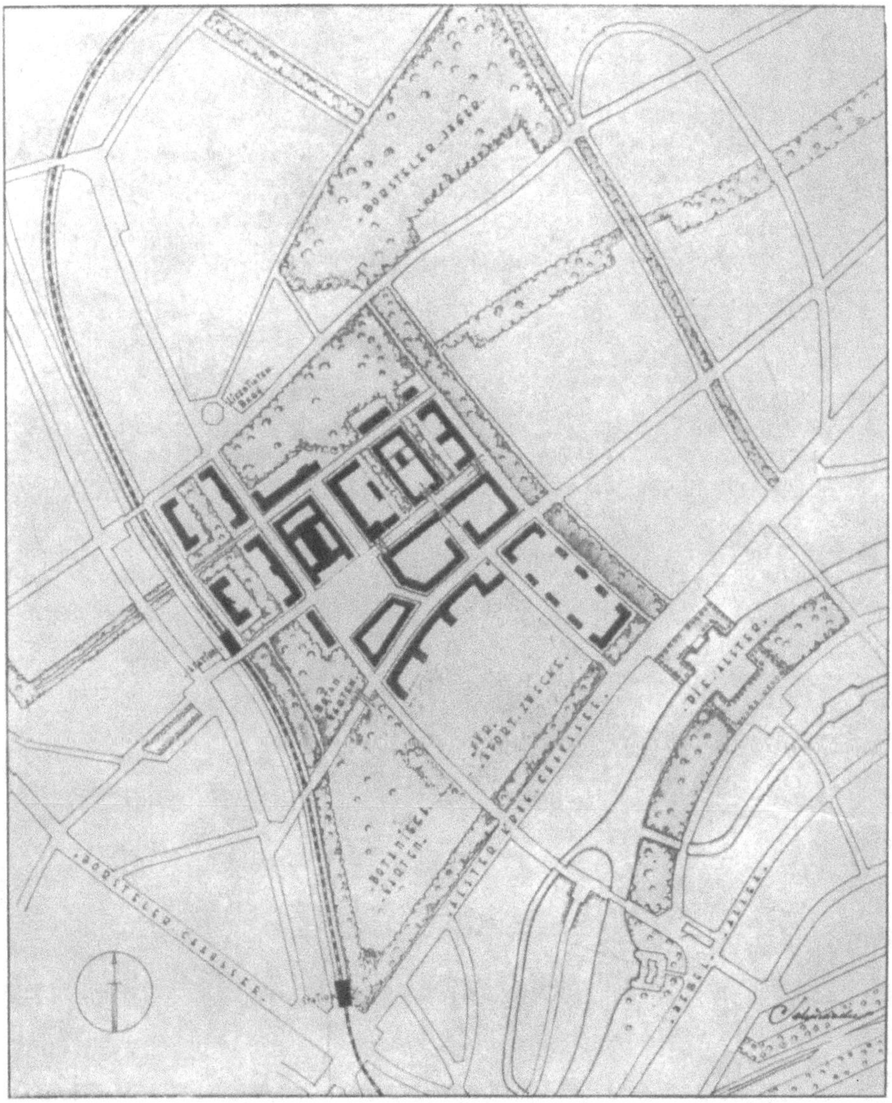

Abb. 1. Gebiet der neuen akademischen Stadt nördlich vom Eppendorfer Moor.

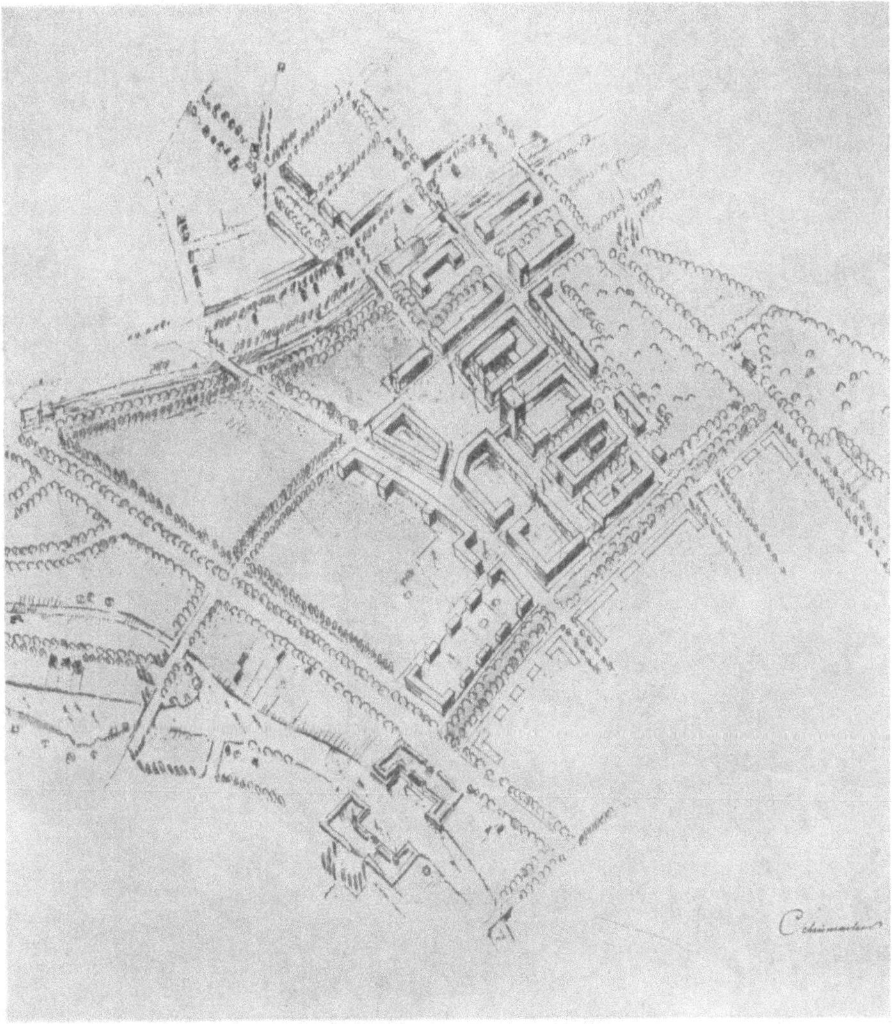

Abb. 2. Schematische Vogelschau der neuen akademischen Stadt.

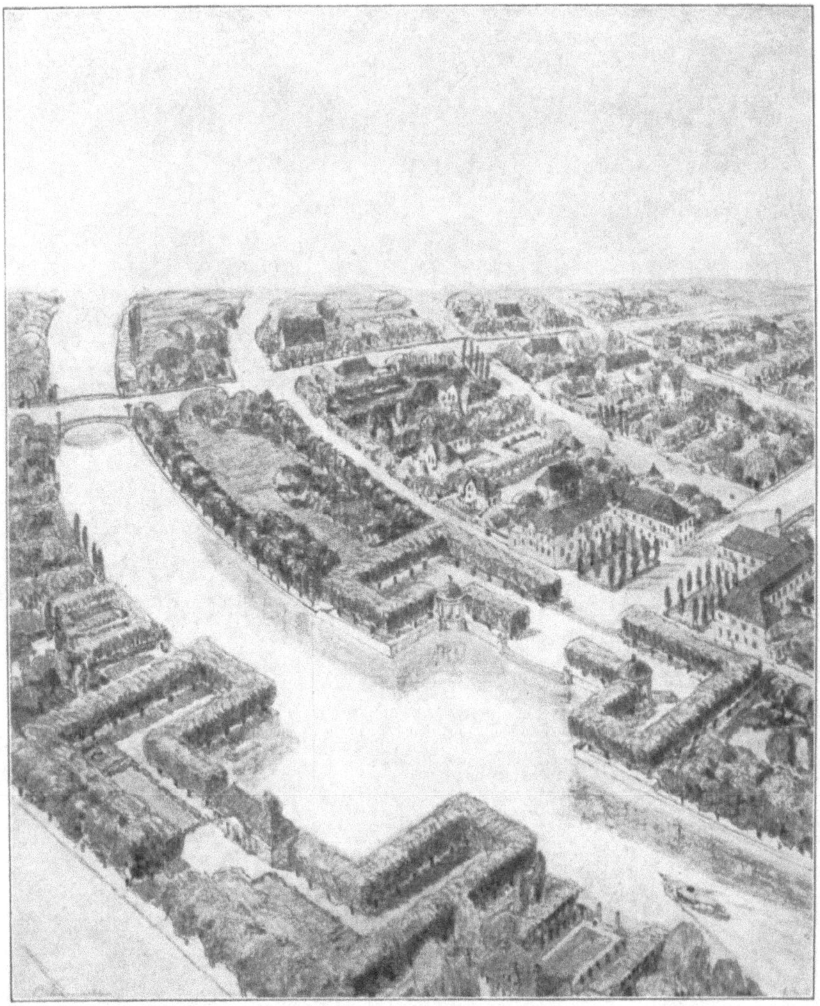

Abb. 3. Punkt der Alsterkanalisierung, mit der die neue akademische Stadt in Zusammenhang steht.

FSC
www.fsc.org
MIX
Papier | Fördert
gute Waldnutzung
FSC® C083411

Kolibri 360 GmbH
Ferdinand-Jühlke-Straße 7
99095 Erfurt, Deutschland
produktsicherheit@kolibri360.de